FRIEDRICH KLINCKSIECK
LIBRAIRE DE L'INSTITUT IMPÉRIAL DE FRANCE.
11, RUE DE LILLE, PARIS.

ÉTUDES SUR LA GÉOLOGIE

DES ALPES

Par ERNEST FAVRE

I

LE MASSIF DU MOLÉSON

ET
LES MONTAGNES ENVIRONNANTES

DANS LE CANTON DE FRIBOURG

Le groupe de montagnes qui est le sujet de cette étude est compris entre Châtel-Saint-Denis et la vallée de la Sarine; il se compose du Niremont et des Corbettes, qui forment le prolongement de la chaîne de la Berra, du massif du Moléson et d'une partie de la chaîne des Verreaux; j'ajouterai à la description de ces montagnes quelques détails relatifs à la chaîne du Mont-Cray.

Pour la géologie de cette région, de même que pour celle d'une grande partie de la Suisse, nous devons en premier lieu recourir aux beaux travaux de M. Studer [1]. Les autres publications [2] relatives à ces localités se bornent à quelques recherches paléontologiques ; cependant,

---

[1] Geologie der westlichen Schweizer-Alpen, 1834. — Geologie der Schweiz, 1851-1853. — Studer et Escher de la Linth, Carte géologique de la Suisse.

[2] Colomb, Actes de la Société helvét. Aarau, 1850, p. 101. — Renevier, Bull. de la Société vaud., 1854, III, p. 135.— Fischer-Ooster,

en dernier lieu, M. Gilliéron[1] a parcouru ces montagnes, et a publié un travail remarquable sur les terrains crétacés qui les constituent.

Je diviserai ce travail en deux parties : la première sera consacrée à la description géologique ; la seconde, à l'étude spéciale des terrains et des restes organisés qu'ils renferment. Je n'ai pas l'intention de faire un examen complet des faunes si riches trouvées dans ces montagnes ; je voudrais seulement donner des notions aussi précises que me le permettent les matériaux que j'ai à ma disposition, sur les gisements et la succession des faunes qui y sont représentées.

Je tiens à remercier ici MM. Studer et de Fischer-Ooster, qui ont bien voulu me montrer en détail les richesses paléontologiques contenues dans le musée de Berne. Cet établissement renferme de belles séries de fossiles des terrains que j'ai examinés. Ces fossiles ont été recueillis en grande partie par un guide de Châtel-Saint-Denis, Joseph Cardinaux, qui m'a été fort utile dans mes courses géologiques.

I. DESCRIPTION GÉOLOGIQUE.

Le Niremont et les Corbettes. — La montagne du Niremont (1514^m) et celle des Corbettes (1408^m), qui en est le prolongement méridional, font partie du

---

Mittheil. naturf. Gesellsch. Bern, 1865, p. 141 ; 1869, p. 47, 53, 184. — M. Ooster a décrit de nombreux fossiles provenant de cette région et conservés au musée de Berne, dans les ouvrages suivants : Ooster, Pétrifications remarquables des Alpes suisses, Céphalopodes, Brachiopodes, Échinodermes, 1861-1865 ; Ooster et de Fischer-Ooster, Protozoë helvetica, 1869-1870.

[1] Archives des Sciences phys. et natur., 1870, XXXVIII, p. 255.

massif appelé dès longtemps par M. Studer chaîne de la Berra. Cette chaîne, commençant dans le canton de Berne aux environs de Thoune et dirigée du NNE. au SSO., contraste, par ses formes arrondies couvertes de riches pâturages, avec les grands escarpements et les arêtes découpées des chaînes intérieures des Alpes. Du côté de la plaine seulement, elle présente une pente abrupte formée par une masse puissante de calcaire. Elle est essentiellement composée du terrain éocène du flysch au milieu duquel apparaissent une partie des terrains secondaires. La montagne des Voirons, près de Genève, lui correspond par sa structure géologique et sa situation à la limite des Alpes et de la plaine.

Le Niremont présente, de la base au sommet, la succession de terrains suivante, dans une coupe prise entre les chalets de Molard-Marmet et de la Mollie-Progin et passant à la cascade du Dat (Pl. II, fig. 1) :

fl_1. Grès durs et marnes du flysch.

n_1. Terrain néocomien, peu épais, formé de marnes feuilletées d'un gris bleuâtre, se voyant au pied de la cascade.

j. Calcaire jurassique gris, puissant, fossilifère, en bancs peu épais, formant le grand escarpement de la montagne (*Belemnites hastatus, Ammonites bimammatus, A. tortisulcatus, Aptychus imbricatus*).

c. Marne foncée à grains noirs, renfermant beaucoup de crinoïdes et de petits brachiopodes, constituant le replat au-dessus de la cascade.

n_2. Calcaires compactes et marnes feuilletées néocomiens très-puissants et riches en fossiles (*Ammonites Astierianus, A. Rouyanus, Terebratula diphyoides*).

fl_2. Marnes et grès du flysch commençant près de la

Mollie-Progin, et occupant le sommet et le versant oriental de la montagne.

Toutes ces couches sont également inclinées vers l'Est.

Un peu plus au Nord, au-dessus de Montalban, les terrains secondaires ont disparu, et le flysch paraît former seul le flanc du Niremont; mais, au delà de Semsales, le terrain néocomien reparaît à plusieurs reprises; je l'ai vu dans le ravin des Baboles, et de nombreux fossiles de ce terrain ont été recueillis plus loin, dans les environs de la Savoyardaz, au-dessus des Ponts. L'escarpement jurassique se prolonge régulièrement au Sud du Dat jusqu'aux carrières de Praz de la Chaux qui ont fourni un grand nombre de fossiles, et il se termine non loin du bord droit de la Veveyse, dans le ravin qui descend des Chaudereires. La zone néocomienne supérieure conserve partout à peu près la même largeur; la zone inférieure suit le flanc de la montagne, et disparaît parfois presque entièrement. Le nagelfluh calcaire de la plaine, sur lequel est construite la petite ville de Châtel, se prolonge au Nord du côté de Semsales, en plongeant toujours vers l'Est, et on le voit en plusieurs points disparaître sous les marnes du flysch. Les moraines et les blocs erratiques du terrain glaciaire s'étendent le long du pied de la montagne, et recouvrent souvent ces deux derniers terrains.

La structure du Niremont semble pouvoir s'expliquer par une voûte déjetée à l'Ouest, et dont les deux flancs plongent parallèlement vers l'Est. Suivant que cette voûte est plus ou moins rompue, le flysch se montre seul, ou laisse apparaître une bande néocomienne; une rupture plus profonde montre les couches jurassiques au centre, bordées des deux côtés par les couches néocomiennes, entourées elles-mêmes de celles du flysch. C'est là un exemple des couches en forme de C décrites par M. Studer[1], dans lesquelles l'ouverture du C est tournée du côté de la haute chaîne. La symétrie n'est cependant pas complète des deux côtés de la voûte; car on ne trouve pas sous les couches jurassiques les marnes foncées à crinoïdes qui existent au-dessus d'elles et forment la base des assises néocomiennes. Peut-être doit-on expliquer ce fait par un glissement qui aurait eu lieu pendant le soulèvement, et qui aurait fait disparaître cette couche d'ailleurs peu épaisse.

Les plissements sont beaucoup plus compliqués dans la montagne des Corbettes; la coupe de ce massif est très-distincte dans le bras gauche de la Veveyse, nommée souvent Veveyse de Fégires (Pl. II, fig. 2). On y voit successivement : le flysch fl_1, une première zone néocomienne n_1, une première zone de calcaires jurassiques j_1, les marnes à crinoïdes c, une seconde zone néocomienne n_2, une seconde zone jurassique j_2 qui présente dans les escarpements de la Veveyse une voûte très-distincte, une troisième zone néocomienne n_3, et une seconde zone de flysch fl_2 d'une grande épaisseur.

Cette structure, dont la complication apparente est très-grande, est tout à fait analogue à celle des Voirons, telle qu'elle a été décrite par M. A. Favre[2]. J'ai reproduit (Pl. II, fig. 3) la coupe de cette dernière montagne, afin de montrer son extrême ressemblance avec celle des Corbettes. En effet elles présentent chacune deux voûtes superposées l'une à l'autre et séparées par un pli néocomien. La voûte inférieure des Corbettes est rompue

[1] Les couches en forme de C dans les Alpes. Archives des Sciences phys. et natur., 1861, XI, p. 5.
[2] Recherches géologiques, etc., 1, p. 419, pl. 4, fig. 4.

jusqu'au terrain jurassique qui apparaît au centre, tandis qu'aux Voirons la rupture ne pénètre pas au delà du terrain néocomien; la coupe des Corbettes confirme donc le plissement que M. Favre a supposé aux Voirons. La voûte supérieure est identique dans les deux montagnes, où la rupture met à découvert le terrain jurassique; ce dernier présente dans la Veveyse un contournement semblable à celui qui est indiqué sur la figure. Enfin, la zone néocomienne n_2, qui forme un des flancs de chacune de ces voûtes, et a dans la Veveyse de Fégires une grande épaisseur, est évidemment repliée sur elle-même. Cela est démontré par la coupe des Voirons, où le flysch fl apparaît au milieu du terrain néocomien et le sépare en deux bandes distinctes.

La première zone jurassique passe au Chaussin, au-dessous de la chapelle de Fruence, et aux carrières de Châtel-Saint-Denis sous Maudens, où elle se termine; la seconde passe à la Briaz, au Praz Mogiz et vient aboutir aux Rochers, sur la rive droite de la Veveyse.

La partie inférieure de la coupe des Corbettes correspond à la coupe du Niremont, à laquelle elle est identique. Les couches qui constituent ces montagnes ne sont cependant pas dans le prolongement les unes des autres; car une faille coupe perpendiculairement cette chaîne un peu au Nord de la Veveyse proprement dite, et se dirige des Rochers à Maudens et au delà vers la plaine. Les couches sont très-bouleversées en ce point, et leur continuité a été rompue; les couches jurassiques des carrières de Châtel-Saint-Denis, qui sont au Sud de cette faille, et qui forment le centre de la voûte inférieure, se trouvent plus à l'Ouest que celles de Praz de la Chaux, situées au Nord de la faille et qui en sont la continuation. Les cou-

ches néocomiennes qui les entourent ont subi un déplacement analogue. Les lèvres de la faille sont nettement
marquées aux Rochers par la fin brusque de la zone
jurassique j_2, et dans le ravin des Chaudereires par la
fin des calcaires jurassiques de Praz de la Chaux. On
peut attribuer ce déplacement des couches à la formation
de la voûte supérieure de la chaîne des Corbettes ; car
ce grand plissement a exigé une place considérable, et a
dû refouler vers l'Ouest la voûte inférieure.

Je signalerai encore dans la chaîne du Niremont des
schistes noirs très-durs, sans fossiles, se délitant en grandes
dalles ; ils se voient à Maudens, à la Riondanère, à Fruence ;
mais je n'ai pu les observer en place dans aucune branche
de la Veveyse. A Fruence, on les voit nettement en contact
avec le calcaire jurassique de la chapelle, sous lequel ils
plongent en stratification concordante. Ils semblent donc
occuper ici la position des couches à crinoïdes. J'ai cependant encore des doutes sur l'âge de ces roches, dans
lesquelles je n'ai trouvé aucun reste organique.

La chaîne de la Berra est limitée du côté Est par une
faille d'une grande importance (F, Pl. II, fig. 1) qu'on
peut suivre depuis les montagnes de la Savoie jusque dans
le massif du Stockhorn ; elle met en contact les couches
éocènes du flysch avec des terrains plus anciens et le plus
souvent avec le lias ou le terrain triasique. Du côté occidental de la faille, les couches du flysch, généralement
inclinées à l'Est, semblent avoir subi des contournements ;
car elles laissent apparaître en plusieurs points les couches néocomiennes et jurassiques ; c'est ainsi que j'ai vu
divers lambeaux de calcaire jurassique sur la rive droite
de la Trême, à la Joux-derrière et à Cuvignes-dessus, et
des couches néocomiennes près de la Veveyse de Fégires
à la Ciergne-au-Boucle.

En résumé, la voûte jurassique que j'ai observée dans la Veveyse de Fégires, et la manière dont cette coupe et celle des Voirons se complètent en montrant dans chacune de ces montagnes les terrains qui manquent dans l'autre, prouvent qu'il faut avoir recours à des plis et non à des glissements pour expliquer la structure si compliquée de cette chaîne extérieure des Alpes. Les Corbettes et les Voirons nous présentent un double pli[1] ou deux C successifs, dont l'ouverture est tournée du côté des Alpes; les contournements du Niremont présentent un simple C dans la même position. Tandis que la bande jurassique du Niremont correspond à la bande jurassique inférieure des Corbettes, celle des Voirons correspond à la bande supérieure de cette même montagne. La continuation septentrionale de la chaîne de la Berra offre des plissements du même type, dont M. Gilliéron a déjà dit quelques mots, et dont nous espérons que ce savant géologue nous donnera bientôt des coupes détaillées. Toutes les couches de ces voûtes plongent vers l'intérieur des montagnes, et les couches tertiaires de la plaine paraissent plonger sous les couches plus anciennes des Alpes. Cette dernière disposition des couches a déjà été l'objet de nombreuses observations sur les deux versants de cette chaîne.

L'origine des contournements si compliqués de la chaîne extérieure est d'autant plus difficile à déterminer que, s'ils se prolongent sur une grande longueur, leur largeur est au contraire très-faible. Au delà de la faille qui limite géologiquement cette chaîne, les plissements

[1] M. A. Favre a reconnu des contournements semblables à ceux-ci dans la montagne du Brezon, au-dessus de Bonneville. Recherches géologiques, Atlas, pl. 9, fig. 4.

des couches ne sont pas déjetés d'une manière régulière, et se rapportent généralement à des axes tantôt verticaux, tantôt inclinés de diverses manières. Si le soulèvement des Alpes doit être attribué, comme l'a dit M. Studer [1], à « une force latérale immense, dont l'action s'est propagée « de l'axe des Alpes centrales sur le bord de la chaîne, » il faut supposer que ce refoulement, occasionnant les plis qui ont formé les chaînes successives, n'a rejeté de côté que les couches les plus extérieures, auxquelles le sol de la plaine aurait opposé un obstacle invincible.

Le Moléson. — Le groupe du Moléson forme un massif allongé, dirigé du NE. au SO. et isolé des montagnes environnantes. Il se compose de deux sommités, le Moléson (2005^m) et Téjatzaux [2] (1911^m), séparées par l'arête allongée de Trémettaz. La base de ces montagnes, bordées de tous côtés par des escarpements abruptes, est garnie de grands bois de sapins et des magnifiques pâturages qui ont donné à la Gruyère sa célébrité. De profonds ravins qui s'en détachent de tous côtés, et où coulent des torrents rapides, la Trême, l'Erbivue, la Marivue et les affluents de la Veveyse, en facilitent l'étude géologique, bien qu'ils soient pour la plupart creusés dans une épaisseur immense de terrain d'éboulement.

Ce massif a une structure très-régulière ; de quelque côté qu'on le gravisse, on trouve, de la base au sommet, des couches de plus en plus récentes et, sur les versants NE. et SO., les couches plongent vers l'intérieur

[1] Archives des Sciences phys. et natur., XV, p. 19.
[2] J'ai donné à ces sommités les noms les plus généralement usités par les habitants du pays. La carte de Stryensky et la carte fédérale donnent le nom de Trémettaz à la pointe de Téjatzaux.

de la montagne. Une cassure qui n'est pas rectiligne la partage dans sa longueur ; elle se termine avant la pointe de Téjatzaux dont les couches plongent toutes du côté du NO. Cette cassure diffère d'une faille en ce qu'elle n'a pas été accompagnée d'un glissement ; les couches ne sont pas redressées et se correspondent d'un bord à l'autre. La montagne est donc symétrique. Elle repose de tous côtés sur des formations plus anciennes, comme un témoin respecté par les bouleversements géologiques et par les grandes érosions auxquelles ont été soumis ces massifs montagneux.

La faille (Pl. II, fig. 1) qui sépare le Moléson de la chaîne du Niremont, passe le long d'une des branches de la Veveyse au-dessus des Malliertzon, et se prolonge de là à l'Est des Raschevys vers le Gros-Plané ; à l'Ouest se trouve le flysch ; à l'Est la cargneule, puis les couches rhétiques et le lias ; la cargneule reparaît un peu au nord du Gros-Plané, et forme une bande longue et étroite qui s'étend jusqu'aux bains de Montbarry près de Gruyère. Les couches rhétiques des Malliertzon sont recouvertes par le terrain liasique (Pl. III, fig. 1) : ce sont des calcaires durs, en bancs épais, assez abondants en bélemnites, qui appartiennent probablement au lias moyen et sur lesquels reposent des calcaires schisteux très-puissants du lias supérieur, dont quelques couches renferment une grande abondance de fossiles ; le ravin qui descend du Villaz en a fourni une faune remarquable (*Amm. serpentinus, cornucopiæ, thouarsensis, annulatus,* etc.). Des marnes feuilletées surmontent le lias, formant du côté de l'Ouest la base même de la montagne. Elles sont grises, très-tendres et riches en rognons jaunes et rougeâtres de pyrite dans lesquels j'ai trouvé des posidonomyes et des ammonites (*A. Murchisonæ*). Au-dessus de cette couche s'élève la pyramide du Moléson, formée des terrains suivants :

jp. Calcaire à posidonomyes ; calcaire marneux gris et souvent veiné de rouge, assez compacte, alternant avec des marnes feuilletées, formant de tous côtés les escarpements inférieurs du Moléson où les gisements de Pétère, du Mifory et du Grand Teysachaux ont fourni un grand nombre de fossiles (*Ammonites Kudernatschi, subobtusus, Martinsi, tripartitus, Posidonomya alpina*, etc.).

jr. Calcaire d'un rouge vif, en rognons, dur, surmonté d'un calcaire blanc de même structure. Les fossiles qu'on y recueille (*Belemnites hastatus, Ammonites Arduennensis, tortisulcatus*, etc.) le font classer dans le terrain oxfordien. J'ai pu observer ces calcaires rouges sur un grand nombre de points ; ils forment tout le tour du massif du Moléson, et, quoiqu'ils soient recouverts en certains endroits par la terre et les éboulis, on ne peut douter de leur présence. On les voit à Trémettaz sur une grande étendue, au-dessus du Plan-François, du Gros-Moléson, du Mifory et de la Vieille-Chaux, ainsi qu'à Tsouatsau-dessus.

js. Calcaire d'un gris clair, dur, en bancs épais, pauvre en fossiles, contenant de nombreux rognons de silex. Il forme de grands escarpements autour du Moléson et de Trémettaz, et la partie supérieure de la pointe de Téjatzaux.

n. Calcaire néocomien marneux, d'un gris blanchâtre, semé de taches bleuâtres, alternant avec des marnes feuilletées. Il constitue la cime du Moléson, et se prolonge le long de l'arête de Trémettaz jusqu'au delà du chalet de Trémettaz-dessus. On peut observer la cassure du Moléson dans les profondes dénudations qui forment les cirques de Bonne-Fontaine et de Tsouatsau-dessus. Les couches néocomiennes plongent rapidement les unes contre les autres et ce n'est que sur une largeur de trois ou quatre mètres, à la jonction même des couches, que celles-ci sont bouleversées.

Du côté oriental, la structure du pied de la montagne est différente; au-dessous des couches jurassiques à posidono-myes qui se voient à Belle-Chaux, au Mifory, à Tsouatsau-dessous, on observe les terrains suivants : *r* calcaires rhé-tiques très-inclinés, plongeant sous le Moléson, *d* dolomie triasique, *c* cargneule, *d* nouvelle couche de dolomie, *r* nouvelles couches rhétiques. C'est une voûte rompue jusqu'au trias, et qui forme le fond de la vallée entre le massif du Moléson et la chaîne de Verreaux. Une faille a très-probablement fait disparaître les couches jurassiques inférieures du chalet de la Belle-Chaux à celui du Gros-Moléson, et a mis en contact les couches jurassiques à posidonomyes avec les couches rhétiques. Cette faille se prolonge au NE. jusque dans le ravin de l'Erbivue, en face du Petit-Moléson, où les couches jurassiques infé-férieures viennent butter contre la cargneule surmontée des couches rhétiques qui forment la rive droite de ce torrent.

Les roches triasiques apparaissent d'une manière con-tinue de la Jouverte-dessous au Gros-Moléson, et dispa-raissent ensuite sous la petite chaîne du Tzermont. Celle-ci forme une voûte rhétique complète contre laquelle sont plaquées, à l'Est et à l'Ouest, les schistes jurassiques infé-rieurs très-inclinés, dans lesquels j'ai trouvé l'*Ammonites Murchisonæ*. La cargneule se montre de nouveau aux Crosets et au chalet de la Pétève, et forme une zone triasique qui s'étend jusque dans la vallée de la Sarine près d'Enney.

La vallée de l'Erbivue, située sur le prolongement septentrional de la chaîne du Moléson, est presque entièrement creusée dans le terrain jurassique inférieur formé de calcaires marneux et schisteux foncés renfermant les *Ammonites opalinus, tatricus, Murchisonæ*, etc.

Du côté du SO., les couches rhétiques se referment au-dessus de la cargneule et forment un vaste plateau coupé de profonds ravins et occupé par les pâturages du Creux-Gindroz, du Bevry, du Pralet, des Grevalets, de la Borbintze et de la Cagne. Lorsqu'on suit le chemin qui longe la Veveyse de Fégires en la remontant, on trouve au-dessous de la Cagne une voûte complète du terrain triasique supérieur; la cargneule est recouverte des deux côtés de calcaires dolomitiques et de marnes rouges, puis des calcaires rhétiques. Au-dessous de ce point, dans le lit de la Veveyse, la coupe est encore plus complète, et présente la succession de terrains suivante :

Marnes et calcaires feuilletés du lias supérieur, de couleur foncée où l'*Ammonites radians* est très-abondante.

Calcaires rhétiques en bancs minces, très-puissants.

Cargneule et dolomie triasiques.

Calcaires rhétiques semblables aux précédents.

Toutes ces couches plongent également au SE., et forment par conséquent une voûte déjetée à l'Ouest.

La cargneule et le calcaire dolomitique blanc apparaissent au Pralet, où ils n'ont qu'une faible épaisseur et où ils sont entourés de calcaires rhétiques qui plongent sous les calcaires jurassiques inférieurs de la chaîne des Verreaux. Les calcaires rhétiques sont séparés de la base du massif du Moléson par les schistes foncés du lias et du terrain jurassique inférieur.

La chaîne des Verreaux. — Cette chaîne, dont les principales sommités dans cette région sont le Vanil-Blanc (1835^m), la Dent de Lys (2015^m), la Cape aux Moines (1944^m), et qui se prolonge au Sud par la Dent de Jaman, est très-escarpée du côté de l'Ouest, où les couches sont toutes coupées perpendiculairement, et s'abaisse doucement du côté de l'Est, où la pente suit à peu près la direction des couches. Le versant occidental et la crête sont presque entièrement jurassiques; le versant oriental est principalement crétacé. Une gorge très-profonde et d'un aspect sauvage, semblable aux cluses du Jura, traverse perpendiculairement cette chaîne en face d'Albeuve. Elle se nomme le col de l'Evi, et donne passage aux eaux de la Marivue qui descend des flancs du Moléson et se jette dans la Sarine.

La chaîne des Verreaux forme un des côtés d'une voûte rompue dont le Moléson forme l'autre côté. J'ai déjà décrit le centre de cette voûte, occupée par la cargneule et les couches rhétiques, qui sont en certains points verticales et plongent ailleurs sous le Moléson. A ces couches succèdent (Pl. III, fig. 2):

ji. Terrain jurassique inférieur, caractérisé par les *Ammonites opalinus, Murchisonœ, tatricus*, etc., et formé de marnes schisteuses assez tendres et de bancs plus calcaires. Ces couches sont disposées en éventail renversé, et plongent à l'Ouest sous les couches rhétiques et à l'Est sous les couches jurassiques d'époque plus récente. Elles se voient dans le ravin de la Marivue sous les Serniaules, et plus haut dans le même ravin; elles passent au Sud du Gobalet, au-dessus de Salettaz, au Nord de la Jouverte-dessus, au Grand Praz, au Paccot, au Pontelle et au Grand Caudon.

jp. Calcaire à posidonòmyes, formant les escarpements de la base de la chaîne des Verreaux; il est exactement semblable à celui du Moléson, et a une grande épaisseur.

jr. Couches jurassiques rouges; elles se trouvent généralement sur le versant Ouest, sauf quand une dénudation assez profonde de la crête les ramène sur le versant opposé. Elles apparaissent sur le flanc occidental de la Cape aux Moines, sur la crête même de la chaîne au col du Pilat au Nord de cette sommité, dans le haut de la Combe d'Allières; elles passent dans les escarpements qui dominent les Hugonins, descendent sur le versant Est jusqu'auprès du chalet de Lys, et se prolongent sur le versant Ouest, dans les grands escarpements de la Dent de Lys; je ne les ai pas vues au col de l'Evi.

js. Calcaires gris à rognons de silex, puissants, très-escarpés, constituant presque partout la crête de la montagne; ils forment de véritables *lapiés* dans le haut de la Combe d'Allières, en Lurquy près de Cape aux Moines, et en Chenaux au Sud de Lys. La partie supérieure de ce calcaire se termine par des bancs de moins grande épaisseur, régulièrement stratifiés, bréchoïdes et presque dépourvus de silex; ils se voient bien au passage de l'Evi sur Albeuve où ils ont été exploités, et plongent sous les couches néocomiennes pour reparaître à Grandvillars dans la chaîne du Mont-Cray.

n. Calcaires néocomiens; ils occupent le flanc Est de la chaîne des Verreaux, et arrivent plus ou moins près du sommet, qu'ils atteignent à la Dent de Lys et à la Chérésolettaz; leurs couches sont un peu plus inclinées que le flanc de la montagne, en sorte que la descente se fait sur des couches de plus en plus récentes. Ces calcaires forment de grands escarpements des deux côtés de la Combe d'Allières et des autres érosions qui découpent la crête de la chaîne.

cr. Schistes marneux rouges, supérieurs au terrain néocomien. Ces couches sont repliées sur elles-mêmes dans la vallée de la Sarine, et bordées des deux côtés par les couches néocomiennes. Elles suivent la vallée jusqu'à Villars-sous-Mont, et se voient alternativement sur l'une ou l'autre rive. A Montbovon même, elles forment les escarpements du bord de la route avant et après le village; mais plus au Sud elles quittent le fond de la vallée pour recouvrir les pentes inférieures de la chaîne des Verreaux. Le chemin, qui va de Montbovon à la Dent de Jaman, est taillé pendant longtemps dans ces couches. Elles passent entre la Cape aux Moines et la Dent de Corjeon, et on en trouve encore un lambeau plaqué contre la pente de la montagne, au-dessus de l'église d'Allières.

La chaîne du Mont-Cray. — Je n'ai pas assez parcouru cette chaîne pour pouvoir en donner une description complète. Elle forme une grande voûte, rompue et dénudée au centre; les flancs de cette voûte sont verticaux, ou plongent même vers l'intérieur de la montagne, qui paraît présenter ainsi une structure en éventail. On peut très-bien se rendre compte de cette disposition dans la vallée de la Sarine, qui coupe transversalement cette chaîne entre Château-d'OEx et Montbovon.

La cargneule se montre au-dessous du chalet de Petzernettaz. Les calcaires rhétiques, semblables à ceux du du massif du Moléson, accompagnent la cargneule et la recouvrent entièrement dans la vallée de la Sarine à Rossinières. Ils sont flanqués de la série des terrains jurassiques, bordés eux-mêmes par les calcaires néocomiens et les schistes rouges; ces dernières couches forment, comme nous l'avons vu, un fond de bateau dans la vallée de la Sarine, près de Montbovon. Elles se contournent de la même manière près de Château-d'OEx, où elles renferment les couches du flysch repliées sur elles-mêmes.

Au delà des couches néocomiennes verticales de la vallée de la Sarine se voient les couches de calcaire bréchoïde à veines bleuâtres que j'ai déjà indiquées dans la chaîne des Verreaux. Je les ai trouvées sur les bords de la Sarine dans les escarpements de la route, où elles renferment quelques *Aptychus*, (ι, Pl. III, fig. 2), et au-dessus de Grandvillars où elles sont exploitées; elles contiennent en ce point la *Terebratula Catulloi*, Pict., que je n'ai pu trouver sur aucun autre point[1]. Les calcaires rouges jurassiques se voient sur le versant Est, aux environs de Paray-Dornaz, et renferment de nombreux fossiles. Les couches à posidonomyes présentent une faune remarquable au Mont-Cullan, au-dessus de Rossinières. Des schistes noirs feuilletés, semblables à ceux du massif du Moléson et de la chaîne des Verreaux, sont très-développés dans ces montagnes, et appartiennent probablement en majeure partie au terrain jurassique inférieur. Toutefois je n'y ai pas trouvé de fossiles. Entre ces deux derniers terrains, on observe une roche nouvelle : c'est

[1] Un géologue anglais, M. Tawney, a recueilli le même fossile sur le versant Est de cette chaîne, près des chalets de Paray-Charbon. (Quart. Journal, 1869, tome XXV, p. 305.)

un calcaire très-cristallin, souvent spathique, coloré en gris et en rouge, paraissant renfermer beaucoup de débris d'animaux rayonnés particulièrement de crinoïdes.

En résumé, les premières chaînes des Alpes nous présentent de la plaine à Château-d'Œx : Une première voûte (chaîne du Niremont et des Corbettes), simple ou double, déjetée vers l'Ouest et séparée des chaînes suivantes par une faille; une deuxième voûte rompue jusqu'à la cargneule, et dont la chaîne du Moléson et celle des Verreaux forment les flancs, et une troisième voûte (chaîne du Mont-Cray), bordée des deux côtés par des couches en U, qui la séparent de la chaîne des Verreaux et de celle du Rocher du Midi.

II. ÉTUDE DES TERRAINS.

Formation triasique. — J'ai observé le terrain triasique sur un grand nombre de points : sur les bords de la Veveyse, au-dessous de la Cagne, aux Malliertzon, entre le gros Plané et Montbarry, dans le massif du Tzermont, entre le Gros Mologis et le Gros Moléson, au Pralet et dans la chaîne du Mont-Cray. La cargneule en est la roche dominante. Elle est recouverte d'un calcaire dolomitique d'un gris clair, peu épais, et quelquefois de marnes rouges. Le gypse se montre au-dessus du chalet de la Joux-devant au NO. du Moléson et près des bains de Montbarry, où il est exploité. Ces roches constituent seulement la partie supérieure du terrain triasique, et correspondent probablement à la subdivision que M. A. Favre a appelé, dans sa description de la Savoie, « couche supérieure de cargneule et de gypse,» et « argiles et marnes rouges. »

Formation rhétique. — Elle occupe une étendue beaucoup plus considérable que le terrain triasique; elle forme au SO. du Moléson le massif ondulé du Pralet, des Grévalets, de la Borbintze, et du Creux-Gindroz; elle affleure aux Raschevys, entre le Moléson et la chaîne des Verreaux, où elle borde la cargneule de deux bandes parallèles, dont la plus méridionale se prolonge dans la montagne du Tzermont; une autre zone commence aux Clefs d'en haut, forme la montagne de la Proveytaz, et se termine un peu en avant de Montbarry; on trouve enfin ce même terrain au centre de la chaîne du Mont-Cray, flanquant ou recouvrant la cargneule. Cet étage est formé d'un calcaire cristallin dur, très-foncé, en bancs généralement peu épais et d'un calcaire lumachelle d'un gris plus clair, dans lequel on trouve les fossiles suivants :

Dents (indéterminées). C. [1]
Belemnites sp. Gr.
Ammonites sp. indét. (*A. Sinemuriensis.* Fisch.-Oost., Rhæt. Stufe, p. 17). Coquille pourvue d'une carène simple sur la ligne médiane, et ornée de côtes infléchies en avant, non bifurquées, qui s'atténuent et disparaissent en s'approchant du bord externe. Gr.
Gastéropode voisin de l'échantillon figuré par Quenstedt (Jura, pl. I, fig. 1). P.
Mytilus minutus Goldf. C. M. P.
Avicula contorta Portl. C. Cr. M. P. Pr. R.
Pecten Valoniensis Defr. C.
    »   *Falgeri* Mer. P.
Plicatula intusstriata Emmr. C. P. Pr.
    »   *Archiaci* Stop. C. M. P.
    »   *Beryx* Gieb. C.

[1] J'ai employé pour désigner les localités les abréviations suivantes : C. la Cagne, Cr. Creux-Gindroz, Gr. Grevalets, M. Mologis, P. Pueys, Pr. Pralet, R. Raschevys, Tz. Tzermont.

Ostrea Haidingeriana Emmr. P. Pr.

Placunopsis Schafhautli Winkl. sp. Pr.

Megalodon, sp. C'est peut-être le *M. gryphoïdes* Ooster, Prot.
    Helv., 1870, I, p. 20, pl. 3, fig. 1-3. On trouve dans le ra-
    vin des Pueys des bancs épais remplis de ce fossile dont le
    diamètre est au moins de 12 centimètres.

Terebratula gregaria Suess. C. Cr. Gr. M. P. Pr. R. Tz.

Rhabdophyllia langobardica Stop. Tz.

Tous ces fossiles ont été recueillis dans des calcaires
reposant normalement sur la cargneule et surmontés en
plusieurs points par les couches liasiques; la roche qui
les contient est très-différente de celle du flysch. On ne
peut donc admettre, comme le croit M. Fischer-Ooster [1],
que ces fossiles proviennent de ce dernier terrain.

Cette faune appartient en majeure partie à l'étage rhétique proprement dit, c'est-à-dire à la zone à *Avicula contorta*. Le *Pecten Valoniensis*, l'*Avicula contorta* et la *Terebratula gregaria* en sont les espèces les plus communes et
cette dernière forme à elle seule de véritables lumachelles.
Ces couches sont la continuation de celles de la Savoie,
décrites par M. A. Favre, et de celles des Alpes vaudoi-
ses dont M. Renevier a fait une étude très-complète.
Elles se prolongent elles-mêmes dans la chaîne du Stockhorn, mais je n'ai pu observer au-dessus d'elles l'infra-
lias proprement dit (étage hettangien de M. Renevier).

Formation secondaire. — Elle occupe la plus
grande partie de la région que je décris maintenant et
présente de nombreuses subdivisions caractérisées par
des faunes et des roches très-diverses.

[1] Die rhætische Stufe der Umgegend von Thun. Mittheil. Bern,
1869, p. 17.

TERRAIN LIASIQUE. — En gravissant le ravin des Pueys, on trouve au-dessus des couches rhétiques un lambeau du *lias inférieur*. C'est le seul point de cette région où il puisse s'observer; encore est-il très-pauvre en fossiles; je n'en connais jusqu'à maintenant qu'une seule espèce :

> *Ammonites oxynotus* Quenst. Cephalop. pl. 5, fig. 11 ; Jura, p. 102, pl. 13, f. 5-8. Echantillon bien conservé, identique à cette dernière figure. Ce fossile qui se récolte en Souabe dans la partie moyenne des marnes de Balingen, caractérise la partie supérieure du lias inférieur.

On trouve en face des Raschevys, sur le bord de la faille qui sépare le Niremont du massif du Moléson, un calcaire gris-foncé, dur, en bancs épais qui paraît appartenir au *lias moyen*; les bélemnites y sont abondantes. Il renferme les espèces suivantes :

> *Belemnites* sp., du groupe des *Acuarii*, très-voisine du *B. acuarius*, d'Orb., Jur. p. 76, pl. 5.
> *Belemnites paxillosus* Schloth. (*B. Bruguieranus* d'Orb., Jur. p. 84, pl. 7, f. 1-5.
> *Ammonites fimbriatus* Sow., d'Orb., Jur. p. 313, pl. 98. Moule d'un jeune individu semblable à la figure 4 de d'Orbigny, orné de dépressions annulaires à la place où se trouvaient les lames du test.

Grâce à la présence de ces quelques fossiles du lias inférieur et du lias moyen aux Pueys et aux Raschevys, on peut espérer de retrouver ces terrains sur d'autres points de la même région.

Le *lias supérieur* occupe une grande étendue à l'Ouest du Moléson. On le trouve en contact avec les couches rhétiques, dans la Veveyse de Fégires au-dessous de Ciergne-au-Boucle; c'est un calcaire marneux feuilleté,

de couleur foncée, dans lequel l'*A. radians* Schloth. est
très-abondant. Il disparaît plus au Nord sous le terrain
glaciaire, mais on le retrouve au Bosali et on peut le suivre
de là jusqu'au Cheval-Brûlé. Dans le ravin des Pueys, il
a fourni les espèces suivantes :

Belemnites, plusieurs espèces.
Ammonites annulatus Sow.
    »   *Thouarsensis* d'Orb.
    »   *serpentinus* d'Orb.
    »   *Cornucopiæ* Y. et Bird.
    »   du groupe des *Heterophylli*.
Posidonomya Bronni Quenst.

Mais le gisement des fossiles le plus remarquable est
situé dans le ravin qui descend du Villaz, au milieu des
pâturages de Teysachaux. Les fossiles [1] y sont bien conservés, très-abondants et se recueillent dans des calcaires
marneux feuilletés, gris et rougeâtres. Ce sont :

Ichtyosaurus. Grand reptile de 230 centim. de long, médiocre-
    ment conservé, décrit par M. Fischer-Ooster (Protoz. helv.
    II, p. 73, pl. 13, 14) et déterminé par lui sous le nom de
    I. tenuirostris Conyb.
Poissons. Nombreux débris appartenant aux genres *Dapedius,*
    Tetragonolepis, Eugnatus, Leptolepis et *Macropoma;* ils
    paraissent identiques à ceux de Boll.
Eryon Hartmanni H. v. Meyer.
Loliginites Bollensis Ziet. sp.
Belemnites acuarius Schloth.
Belemnites sp., voisine de *B. paxillosus* Schloth.
Nautilus inornatus d'Orb. Échantillon déformé.
Ammonites cornucopiæ Young et B.; d'Orb., Jur. p. 316, pl.
    99, f. 1–3. Échantillons identiques à ceux du lias supérieur
    de Balingen et de Boll figurés sous le nom de *A. fimbriatus*

---

[1] M. Fischer-Ooster a déjà donné une liste des fossiles de ce gisement. (Mittheil. Bern, 1869, p. 185.)

par Zieten (Wurtemb., p. 16, pl. 12, f. 1) et par Quenstedt (Jura, p. 256, pl. 36, f. 6).

Ammonites serpentinus Rein. Cette espèce est représentée par une nombreuse série d'échantillons présentant quelques variations dans les sinuosités des côtes et identiques aux types figurés par d'Orbigny (Jur. p. 215, pl. 55) et par Quenstedt (Jura, p. 249, pl. 35, f. 5).

Ammonites Thouarsensis d'Orb., Jur., p. 222, pl. 57. (*A. serpentinus* Ziet., Wurtemb., p. 16, pl. 12, f. 4.)

Ammonites subplanatus Opp., Juraform., p. 244. (*A. complanatus* d'Orb., Jur., p. 353, pl. 114.) Échantillons semblables à ceux de la Verpillière.

Ammonites Desplacei d'Orb., Jur., p. 334, pl. 107. Deux bons échantillons semblables à la figure citée.

Ammonites annulatus Sow.; d'Orb., Jur., p. 265, pl. 76, f. 1, 2. Espèce abondante, se distinguant bien de l'*A. communis* Sow. par des côtes plus fines et beaucoup plus rapprochées, dont les unes sont simples et les autres bifurquées.

Ammonites nov. sp., du groupe des *Phylloceras*, voisine de l'*A. heterophyllus* Sow, mais s'en distinguant par des stries droites et toutes égales et par la présence sur le moule de sillons un peu coudés à l'ombilic où ils sont profonds, droits et dirigés un peu en avant sur le reste de leur parcours où ils deviennent très-larges. Ombilic presque nul.

Aptychus lythensis de Buch. Quenstedt, Jura, p. 248, pl. 35, f. 5.

Pholadomya sp. (*Ph. decorata* Fisch.-Oost.)

Solemya Voltzi Rœm.

Pecten sp. (*P. tumidus* Fisch.-Oost)

Lima sp.

Pinna sp. (*P. Hartmanni.* Fisch.-Oost.)

Inoceramus undulatus Ziet.

Posidonomya Bronni Voltz; Zieten, Wurtemb., pl. 72, f. 4.

Cette faune appartient à la partie inférieure du lias supérieur ou étage thoarcien de d'Orbigny, c'est-à-dire à l'horizon appelé par Oppel zone de la *Posidonomya Bronni*. Elle est identique à celle du lias supérieur de

France, d'Angleterre et de Wurtemberg, et a en particulier de grandes analogies avec celle du lias de la Verpillière (Isère), de la Normandie, de Wightby (Yorkshire) et de Boll en Allemagne. Les nombreux débris de poissons et de sauriens qu'on trouve dans ces couches augmentent encore cette ressemblance.

On voit au milieu des couches précédentes un calcaire marneux, rempli de petits fossiles, particulièrement de gastéropodes, dont je n'ai pu déterminer aucune espèce; sa couleur d'un gris foncé et l'odeur qu'il dégage au choc du marteau rappellent tout à fait le *Stinkstein* décrit par Quenstedt[1] dans le lias supérieur de la Souabe.

TERRAINS OOLITIQUES INFÉRIEUR ET MOYEN. — La série des terrains oolitiques commence par des marnes compactes ou feuilletées qui passent souvent à de véritables schistes; elles sont de couleur foncée et ont une teinte bleuâtre; les bancs compacts intercalés sont jaunâtres à l'extérieur et d'un gris-bleu foncé à l'intérieur; ils rappellent les *fleckenmergel* (marnes tachetées) de la Bavière. Ces couches sont puissantes; elles occupent la plus grande partie de la vallée de l'Erbivue où elles reposent sur les couches rhétiques. De l'autre côté de la voûte rhétique du Tzermont et de la vallée de la Marivue, elles sont très-inclinées et plongent sous les calcaires jurassiques moyens de la chaîne des Verreaux; on les voit en Laurensaz, au-dessous de Cernioz dans le lit de la Marivue, etc.; elles forment ainsi une zone qui se prolonge le long du pied de la chaîne des Verreaux. Les gisements les plus fossilifères sont sur la rive gauche de l'Erbivue à une demi-heure au-dessus de Gruyères,

[1] Der Jura, 1858, p. 207.

dans la Marivue près de Cernioz, au Pontelle sous Ché-
résaulaz et au Grand Caudon. J'ai recueilli les espèces
suivantes :

Belemnites sp.

Ammonites Aalensis Ziet., Wurtemb. pl. 28, f. 3. Espèce commune ; les échantillons sont identiques aux figures données
par d'Orbigny. Cette espèce se trouve généralement dans le
terrain liasique supérieur. Toutefois Oppel (Juraform., p. 248)
a déjà signalé son association avec l'*A. opalinus* dans l'oolite
inférieure.

Ammonites opalinus v. Mand. (*A. primordialis* Zieten, Wurtemb., pl. 4, f. 4; d'Orbigny, Jur., p. 235, pl. 62. Espèce
commune. Elle commence à la limite du terrain liasique et du
terrain jurassique avec l'*A. torulosus*.

Ammonites Murchisonæ Sow. d'Orbigny, Jur., p. 367, pl.
120. Nombreux échantillons bien caractérisés.

Ammonites tatricus Pusch, Polens Pal. p. 158, pl. 13, f. 11.
Zittel, Jahrb. K. K. Geol. Reichsanst., XIX, p. 61, pl. 1,
f. 1-3; non d'Orbigny. La description et les figures données
par M. Zittel ne laissent aucun doute sur la détermination de
cette espèce. Ce savant a fixé d'une manière précise son horizon géologique et a montré qu'il faut exclure de sa synony-
mie un grand nombre des citations qui en avaient été faites.

Ammonites Humphriesianus Sow. Je ne puis pas affirmer que
cet échantillon provienne de la même couche que les autres.
Cependant la roche paraît identique.

Ammonites sp., voisine de l'*A. subplanatus* Opp.

Ammonites sp. du groupe des *Heterophylli*, voisine de l'*A. heterophyllus* Sow.

Ammonites sp., du groupe des *fimbriati*, fragment d'un grand
échantillon, différant par ses ornements de l'*A. cornucopiæ*,
Young et B.

Ammonites. Deux espèces nouvelles.

Inoceramus cf. *fuscus* Quenst.

Posidonomya. Cette petite espèce est peut-être la *P. Suessi*
Opp. qui m'est inconnue.

Zoophycos scoparius Thioll. sp. Dumortier, Bull. Soc. géol.

XVIII, p. 579, pl. 12, f. 1, 2. Ooster, Prot. helv., I, p. 31, pl. 9, pl. 10, f. 1. Cette espèce, très-répandue dans les Alpes suisses, paraît avoir commencé dans les couches liasiques supérieures ; elle est commune dans le terrain que je décris maintenant ; mais on la trouve aussi dans les couches supérieures à celles-ci avec l'*A. Humphriesianus*. Ce fossile se trouve en grande abondance dans le bassin du Rhône, associé à l'*A. Murchisonæ*, l'*Inoceramus fuscus* Quenst. etc., dans le calcaire à fucoïdes supérieur aux couches à *A. opalinus*.

Cette faune a été entièrement recueillie dans la Marivue ; les autres gisements que j'ai cités plus haut sont moins riches en fossiles, mais renferment presque tous les espèces suivantes :

Ammonites Aalensis.	*Posidonomya.*
» *opalinus,*	*Inoceramus fuscus,*
» *Murchisonæ,*	*Zoophycos scoparius.*
» *tatricus.*	

Ce terrain s'étend probablement sur le versant occidental du Moléson ; mais je n'ai pas encore pu y constater sa présence. Les couches jurassiques supérieures au lias les plus anciennes que j'y ai observées, se trouvent au pied même de la pyramide du Moléson, entre le Gros-Plané et le Villaz. Ce sont des marnes feuilletées tendres, riches en géodes brunes de pyrite de fer, qui renferment parfois des fossiles. Ce sont :

Ammonites Murchisonæ.
Ammonites sp., du groupe des *Heterophylli.*
Posidonomya sp., identique à celle des couches à *A. opalinus.*

Ce terrain est-il l'équivalent des couches précédentes ou est-il d'époque un peu plus récente ? Il faudrait, pour résoudre cette question, trouver dans ce dernier gisement une faune plus complète. On peut toutefois regarder ces

couches comme formant avec les précédentes le terrain
oolitique inférieur.

Celui-ci a déjà été reconnu sur plusieurs points de la
chaîne des Alpes : En Savoie, M. Alphonse Favre [1] a signalé des schistes argileux dont le dépôt est évidemment de la même époque ; ils renferment, au col de la
Madeleine les fossiles suivants : *Ammonites Murchisonæ,
scissus*, cf. *opalinus, Sowerbyi, Posidonomya* sp. et au
mont Joli les *Ammonites Murchisonæ* et *scissus*.

Dans le canton de Glaris, M. Escher de la Linth et
M. Bachmann [2] ont reconnu près de Mols dans la vallée
du lac de Wallenstadt, des schistes noirs contenant l'*A.
opalinus* et la *Posidonomya Suessi* Opp.

Sur les bords du lac de Guarda dans le Tyrol méridional, l'oolite inférieure [3] du cap San Vigilio a fourni un
grand nombre d'ammonites parmi lesquelles se trouvent
les *Ammonites opalinus, Murchisonæ, scissus, fallax*, etc.

M. Zittel [4] a trouvé au Monte-Nerone et au Furlo dans
les Apennins des calcaires jaunâtres qui renferment une
faune identique.

Enfin, le même savant [5] a décrit des couches jurassiques découvertes par Hohenegger dans le Tatra, à
Zaskale près de Zaflary. Ce sont des calcaires marneux
gris, identiques au *fleckenmergel* liasique des Alpes ba-
varoises, et recouverts de marnes foncées, abondantes en
nodules et en géodes pyriteuses. Parmi les fossiles des
couches inférieures, on remarque les *Ammonites opalinus*,

---

[1] Recherches géologiques, III, p. 233 et 164.
[2] Die Juraformation im Kanton Glarus. Mittheil. Bern. 1863, p. 149.
[3] Benecke, Geogn. pal. Beiträge, I, p. 111. Waagen, Id., I, p. 559.
[4] Benecke, Geogn. pal. Beiträge, 1869, II, p. 137.
[5] Zittel, Jahrb. d. k. k. Geol. Reichsanst. 1869, XIX, p. 60.

fonticola, Aalensis, Murchisonæ, scissus, tatricus, connec-
tens, ultramontanus, et parmi ceux des couches supérieures, les *Ammonites Murchisonæ, Brocchii, tatricus,*
connectens, ultramontanus et la *Posidonomya Suessi.* Ces
couches rappellent singulièrement celles que je viens
de décrire; M. Zittel rapporte l'horizon inférieur à la zone
de l'*A. opalinus,* tandis que le supérieur appartient, d'a-
près lui, à la zone de l'*A. Murchisonæ.* Mais ces deux
faunes ont entre elles un grand nombre d'espèces communes qui rend leur distinction difficile.

La plupart des gisements que je viens d'énumérer présentent l'association des *A. opalinus* et *Murchisonæ* [1]. C'est
là une preuve nouvelle du fait constaté déjà par divers
observateurs, que des zones fossilifères, nettement séparées en dehors des Alpes, se confondent plus ou moins
dans l'intérieur de cette chaîne.

Au-dessus des schistes noirs à *A. tatricus* et des marnes à rognons pyriteux, se trouve une formation puissante de calcaires marneux et de marnes schisteuses de
couleur rougeâtre. Ces calcaires, en bancs d'un à deux
pieds d'épaisseur, sont assez durs, un peu schisteux,
et les fossiles qui y sont abondants s'en détachent facilement. La roche est du reste très-homogène dans toute son
épaisseur. Ce terrain est très-développé dans le massif
du Moléson et la chaîne des Verreaux, et il se trouve
aussi dans la chaîne du Mont-Cray au Mont-Cullan,
au-dessus de Rossinières. Les localités indiquées dans le
tableau suivant sont les plus riches en fossiles et se trouvent toutes dans ces montagnes.

[1] M. Waagen a déjà fait remarquer l'association de ces espèces.
Benecke, Geogn. pal. Beitr., 1868, I, p. 556.

Noms des espèces.	Moléson.	Saletlaz.	Chaîne des Verreaux			Mᵗ Cuillan.
			Dent de Lys.	Chérésaulletaz.[1]	Grand Caudon.	
Belemnites hastatus d'Orb.	+	..	..	+	..	+
canaliculatus Schl.	..	..	..	+	..	..
Ammonites Kudernatschi Hau	+	..	+	..	+	..
subobtusus Kud.	+	..	+	+	..	+
Eudesianus d'Orb.	..	..	+	+	..	..
rectelobatus Hau	..	..	..	+	+	..
Humphriesianus Sow.	..	..	+	+	..	..
ooliticus d'Orb.	+	..	..	+	+	..
Martinsi d'Orb.	..	..	..	+	+	..
dimorphus d'Orb.	..	..	..	+	+	..
polymorphus d'Orb.	..	..	..	+	+	..
discus Sow.	..	+	+	..	..	..
Bakeriæ d'Orb.	+	+	+	..	..	..
tripartitus d'Orb.	+	+	+	+	..	..
Puschi Opp.[2]	+	+	+	+	..	..
viator d'Orb.	..	+	..	+	..	..
Zignodianus d'Orb.	..	..	+	+	..	+
hecticus Hartm.	+	..	..	+	..	..
lunula Ziet.	..	..	+	..	+	..
Adelæ d'Orb.	..	..	+	..	+	+
Hommairei d'Orb.	+	..	..	+	..	..
anceps d'Orb.	..	+	..	+	+	..
coronatus d'Orb.	..	..	..	+	+	..
Posidonomya alpina Gras.	+	..	+	+	..	..
ornati Quenst.	+	..	+	+	..	..

Je ne puis affirmer d'une manière absolue l'association de tous ces fossiles, qui paraissent, au premier abord, appartenir à des terrains assez différents; car les couches forment généralement des escarpements abrupts dans lesquels il est difficile de recueillir des fossiles en

[1] J'ai réuni à ce gisement celui des Hugonins.
[2] Paleont. Mittheil., I, p. 216. *A. tatricus* d'Orb. pl. 180, non Pusch.

place. Toutefois j'ai trouvé réunis dans la même couche au Grand-Teysachaux, au pied du Moléson : les *Ammonites Humphriesianus, subobtusus, tripartitus, Puschi* et cf. *viator*, et en Cerniaules dans la Marivue, les *Ammonites polymorphus, Puschi* et *tripartitus*. Au Grand-Caudon, la *Posidonomya alpina* Gr. se recueille immédiatement au-dessus des couches jurassiques inférieures, et au-dessous des *Ammonites rectelobatus et Kudernatschi*. Or, cette espèce se trouve dans le département de l'Isère[1] avec les *Ammonites lunula, coronatus* et *Puschi*.

Du reste, ces exemples ne sont pas nouveaux : en 1850, M. F.-J. Pictet[2] signalait déjà des faits de même nature dans la chaîne du Stockhorn, sur le prolongement de ces mêmes couches, et constatait la réunion dans un même bloc, de l'*A. Parkinsoni* avec l'*A. Puschi* et de l'*A. Humphriesianus* avec l'*A. tripartitus*. Plus tard, en 1857, M. Brunner[3] indiquait dans la même chaîne l'association des *Ammonites Parkinsoni, Humphriesianus* et *Deslongchampsi* avec les *A. Puschi, viator, Zignodianus* et *tripartitus*. « J'ai mis, dit ce savant, un soin tout parti-« culier à l'étude de cette question, et il ne me reste pas « le moindre doute soit sur la détermination des espèces, « soit sur leur association. » En dehors de cette région, M. A. Favre[4] a signalé en Savoie, au Leucon près de St.-Gingolf, les *Ammonites Humphriesianus, linguiferus, tripartitus* et la *Posidonomya alpina*.

Toutefois je pense que l'association de toutes ces es-

---

[1] A. Gras, Catalogue des corps organisés fossiles qui se rencontrent dans le département de l'Isère, 1852.

[2] Archives des Sciences phys. et natur., XV, p. 183.

[3] Geognostische Beschreibung der Gebirgsmasse des Stockhorns. Mém. de la Soc. helv. des Sc. natur., XV, p. 10.

[4] Recherches géologiques, II, p. 83.

pèces demande une étude plus complète pour être éta-
blie d'une manière définitive. Il est fort possible que le
Belemnites hastatus et les *Ammonites Zignodianus, hecti-
cus, lunula, Adelæ, Hommairei, anceps* et *coronatus* forment une faune spéciale plus récente que celle des autres
fossiles cités dans le tableau.

Ces derniers ont été trouvés depuis longtemps dans
diverses parties de la chaîne des Alpes. Dès 1853, M. de
Hauer [1] les a signalés dans les Alpes autrichiennes, et a
nommé les couches qui les renferment couches de Klaus,
du nom de la Klaus-Alp, près de Hallstatt. Oppel [2] les a
rapportées à la partie supérieure du terrain jurassique inférieur, c'est-à-dire à la zone de l'*A. Parkinsoni*,
en constatant qu'elles renferment aussi des espèces appartenant à la grande oolite. Il a reconnu la grande
étendue de cet horizon, qu'il nomme *couches à posidonomyes*, et il cite comme les gisements les plus remarquables la Klaus-Alp, la Mitterwand (Tyrol septentrional) et
Brentonico [3] (Tyrol méridional). Les fossiles qu'il re-
garde comme caractéristiques sont les *Ammonites Kudernatschi, subobtusus, Eudesianus, subradiatus, rectelobatus, Martinsi*, l'*Ancyloceras annulatus*, la *Posidonomya
alpina* et grand nombre d'espèces de brachiopodes. Ces
derniers font défaut dans les Alpes de Fribourg ; l'*Ancyloceras annulatus* qui y manque aussi, se retrouve au

[1] Ueber die Gliederung der Trias- Lias- und Juragebilde in den
Nordöstlichen Alpen. Jahrb. der k. k. geol. Reichsanst. 1853, IV,
p. 764.

[2] Ueber die weissen und rothen Kalken von Vils in Tyrol. Wurtemberg. naturw. Jahresh. XVII. — Ueber das Vorkommen von ju
rassischen Posidonomyen-Gesteinen in den Alpen. Zeitschr. der
deutsch. geol. Ges. 1863.

[3] Voyez sur cette localité : Benecke, Geogn. pal. Beiträge, I, p. 114.

même horizon dans le massif du Stockhorn, où il est cité par M. Brunner. M. Studer [1] et M. Bachmann [2] ont reconnu de nombreux fossiles, appartenant au même horizon, dans les Alpes des cantons de Berne et de Glaris.

TERRAIN OOLITIQUE SUPÉRIEUR. — Il présente des caractères très-différents, suivant qu'on l'examine dans la chaine du Niremont, ou dans les massifs du Moléson et des Verreaux. Je commencerai par le décrire dans cette dernière région.

a. Le Moléson et la chaîne des Verreaux. Sur les couches à posidonomyes se trouve un calcaire rouge, dur, difficile à attaquer au marteau, quoiqu'il se délite assez facilement à la surface. Sa structure en rognons rappelle beaucoup celle de certaines parties du calcaire des environs de Châtel-Saint-Denis. Il est surmonté de bancs plus schisteux de la même couleur, et d'un calcaire gris en rognons ; son épaisseur maximum est de 20 à 30 pieds. On le trouve aussi sur le versant oriental de la chaîne du Mont-Cray, dans le pâturage de Paray-Dornaz.

La faune renfermée dans ce calcaire a été encore peu étudiée [3]. Les échantillons sont difficiles à extraire, et généralement dépourvus de leur test. Voici la liste des espèces que j'ai examinées :

1. Dents de Poissons. J'ai trouvé sur divers points de petites dents de poissons que je n'ai pu déterminer. M. Fischer-Ooster cite le *Sphenodus longidens* Ag. au Mifory (Moléson) et à la Combe d'Allières.

[1] Geologie der Schweiz, II, p. 44, 46.
[2] Mittheil. Bern, 1863, p. 155, 167.
[3] M. Fischer-Ooster a donné le catalogue des espèces que possède le musée de Berne. Protoz. helv., 1869, I, p. 10.

2. *Belemnites hastatus* Blainv. Espèce très-commune et atteignant de grandes dimensions.

3. *Belemnites Didayianus* d'Orb. Espèce rare.

4. *Belemnites Sauvanausus* d'Orb.

5. *Ammonites tortisulcatus* d'Orb. Echantillons de petite taille, très-abondants dans la plupart des gisements.

6. *Ammonites* cf. *Manfredi* Opp. Moule correspondant très-bien aux figures d'Oppel pour la forme de la coquille et des sillons; les stries ne sont pas visibles.

7. *Ammonites Arduennensis* d'Orb. Plusieurs échantillons, bien caractérisés. Il faut rapporter à cette espèce l'*A. Toucasianus* signalé avec doute par M. Fischer-Ooster à Trémettaz. L'épaisseur de la coquille au pourtour de l'ombilic est beaucoup moins grande et les côtes sont beaucoup moins infléchies en arrière que dans cette dernière espèce ; les flancs sont plus aplatis.

8. *Ammonites perarmatus* d'Orb. Grand échantillon plus renflé que ne le représente la planche 184 de d'Orbigny, mais de forme et d'ornementation identiques.

9. *Ammonites* sp. du groupe des *perarmati*, et très-voisine de la précédente ; elle en diffère par la disparition des tubercules ombilicaux à un âge peu avancé et par la forme arrondie des tours du côté de l'ombilic. Cette espèce se trouve aussi aux Voirons.

10. *Ammonites plicatilis* d'Orb. Échantillon identique à d'Orb., Jur., pl. 192, f. 3.

11. *Ammonites Martelli* Opp. (*A. plicatilis* d'Orb. pl. 191).

12. *Ammonites.* Plusieurs autres espèces du groupe des *Planulati.*

13. *Ammonites* indéterminées, du groupe des *Phylloceras.*

14. *Ammonites* sp. du groupe de l'*A. Adelæ* d'Orb., se distinguant de cette espèce par la présence de distance en distance de sillons infléchis en avant.

15. *Aptychus latus* Voltz.

16. *Aptychus imbricatus*, H. de Mey.

17. *Inoceramus Oosteri* E. Favre. *Inoceramus Brunneri* Oost. Protoz. Helv., I, p. 38, pl. 13, f. 7-14, non p. 1,

pl. 1, f. 1-5, pl. 2, f. 1. M. Ooster a donné le même nom à l'inocérame des couches rouges de la Simmenfluh près de Wimmis et à celui des calcaires rouges que je décris ici. Le premier est généralement mal conservé et a été figuré d'une manière insuffisante ; rien ne prouve son identité avec l'espèce des couches jurassiques. Je crois donc utile de distinguer ces deux inocérames, et comme celui des couches de la Simmenfluh a la priorité de nom, je désigne l'espèce jurassique qui est bien définie et dont M. Ooster a donné de bonnes figures sous le nom de *I. Oosteri*.

18. *Terebratula* sp. du groupe des *nucleati* (*T. nucleata* Fisch.-Oost.). Je ne crois pas qu'on puisse affirmer l'identité de cet échantillon avec cette dernière espèce.

19. *Rhynchonella* sp. (*Rhynch. lacunosa, multistriata* Fisch-Oost.)

20. *Collyrites Friburgensis* Oost. Un bon échantillon de cette espèce a été trouvé à Trémettaz. Deux *Collyrites* mal conservés proviennent du Mifory et de Paray-Dornaz. Ils appartiennent probablement à la même espèce.

M. Fischer-Ooster signale encore un *Apiocrinus* trouvé à la Combe d'Allières qu'il rapporte avec doute à l'*A. impressus* Qu. et un *Tragos* (?) trouvé aux Hugonins.

Le tableau suivant indique les localités où ont été trouvés ces fossiles.

(Voir le tableau suivant.)

Plusieurs de ces espèces ont été aussi recueillies dans les calcaires de Châtel-Saint-Denis et des Voirons. Ces couches rouges correspondent probablement à la partie inférieure du terrain jurassique de ces localités, et on peut les rapporter avec assez d'exactitude aux couches de Birminsdorf ou à la zone de l'*Ammonites transversarius*. Du reste, ce n'est pas la première fois que de grands inocérames sont cités dans les terrains jurassiques ; M. Traut-

Noms des espèces.	Trémettaz.	Mifory.	Hugonins.	Dent de Lys.	Combe d'Allières.	Paray-Dornaz.
1. Dents de Poissons	..	+	..	..	+	..
2. Belemnites hastatus.	+	+	+	+	+	+
3. Didayianus.	..	..	..	..	..	..
4. Sauvanausus	?	..	+	..	?	+
5. Ammonites tortisulcatus	+	+	..	..	+	+
6. cf. Manfredi	..	..	..	..	..	..
7. Arduennensis.	+	+	..	..	+	+
8. perarmatus	+	..	..	..	..	..
9. (groupe des perarmati).	..	..	..	..	..	+
10. plicatilis	..	..	..	..	+	+
11. Martelli.	..	..	..	..	+	+
12. (groupe des planulati)	+	+	..	..	+	+
13. (groupe des Phylloceras).	+	..	+	..	..	..
14. voisine de l'A. Adelæ.	+	..	..	..	..	+
15. Aptychus latus.	..	..	..	..	..	..
16. imbricatus.	+	+	..	..	+	+
17. Inoceramus Oosteri.	+	+	..	..	..	..
18. Terebratula sp.	..	?	..	..	..	..
19. Rhynchonella sp.	+	..	+	..	..	?
20. Collyrites Friburgensis	+	?	..	..	..	?

schold [1] en particulier en a signalé dans des marnes aux environs de Ssimbirsk en Russie, où ils sont associés aux *Ammonites polyplocus* et *coronatus*.

Des calcaires d'un gris clair, en bancs de deux à quatre mètres d'épaisseur et renfermant des silex en lits ou en rognons, surmontent les couches rouges ; ils sont très-durs, ne se décomposent pas à l'air, mais sont corrodés et découpés par les eaux dans le sens de la plus grande pente. Ils forment des masses puissantes et de hauts escarpements dans les deux chaînes que je décris maintenant.

[1] Der Inoceramen-Thon von Ssimbirsk. Moscou, 1864.

La Marivue les traverse sur toute leur épaisseur dans la gorge de l'Evi au-dessus d'Albeuve. Les restes organiques y sont rares et je n'ai pu y trouver que quelques fragments de bélemnites, une ammonite de caractère jurassique du groupe des *planulati* et des *Aptychus* rarement déterminables, sauf un bel échantillon d'*A. imbricatus* provenant de Téjatzaux. Il y a cependant, dans l'épaisseur de ces calcaires, une couche riche en fossiles dont je n'ai pu malheureusement constater la position exacte. C'est un banc de deux à trois pouces d'épaisseur, de calcaire siliceux dont la surface de couleur rougeâtre est formée d'une agglomération de petits rognons. Il se trouve toujours à une grande hauteur dans les escarpements, et la présence de blocs qui en proviennent sur le versant oriental de la chaîne des Verreaux à Chenau, près du col de Lys, indique qu'il est situé dans la partie moyenne ou supérieure des calcaires gris. Il se trouve aussi au-dessus des Hugonins, mais je ne l'ai pas encore reconnu dans la chaîne du Moléson.

Sa faune, peu variée, paraît appartenir à l'étage jurassique supérieur ou du moins à la partie supérieure du calcaire de Châtel. Elle se compose des espèces suivantes :

Belemnites cf. *hastatus* d'Orb.
Rhynchoteuthis, plusieurs espèces.
Aptychus latus Voltz.
    »   *imbricatus* H. de Meyer.
Terebratula sp. du groupe des *nucleati*.

Dans la chaîne des Verreaux et dans celle du Mont-Cray, on remarque, à la partie supérieure des calcaires gris, des bancs très-droits de un à deux pieds d'épaisseur, d'un calcaire dur, bréchoïde, mat, à veines bleuâtres, en rognons à la surface et donnant un assez beau marbre. Ils ont un développement particulièrement remarquable dans la chaîne du Mont-Cray à Grandvillars où ils sont exploités. Je les ai revus dans la même chaîne sur la route de Montbovon à Château-d'OEx, près de la frontière des cantons de Fribourg et de Vaud et dans la chaîne des Verreaux au passage de l'Evi où ils ont été anciennement l'objet d'une exploitation.

Ils renferment les espèces suivantes qui sont mal conservées, sauf les *Aptychus* et les térébratules:

Belemnites, trouvées dans ces trois localités.

Ammonites sp. du groupe des *planulati.* L'ombilic est grand; les tours sont étroits, ornés de côtes rayonnantes droites et bifurquées sur la région externe. — Grandvillars.

Ammonites sp. du groupe des *planulati* Tours assez larges ornés de côtes peu saillantes très-infléchies en avant sur la région externe. Cette espèce paraît très-voisine de l'*A. Richteri* Opp. (Zittel, Paleont. Mitth. II, pl. 20, f. 9). — Grandvillars.

Aptychus latus Voltz. — dans les trois localités.
» *imbricatus* H. de Mey. — id.
Ces deux espèces sont représentées par de grands et beaux échantillons identiques à ceux de Châtel et des Voirons.

Terebratula Catulloi Pict. (*T. diphya* auct. partim). Neuf échantillons très-bien conservés. — Grandvillars. D'après une note de M. Tawney[1], la *T. diphya* se trouve sur le versant oriental de la chaîne du Mont-Cray, dans le voisinage de Paray–Charbon. C'est probablement la même espèce dont il s'agit ici.

Ces roches sont recouvertes de calcaires néocomiens.

b. Le Niremont et les Corbettes. — Les calcaires jurassiques apparaissent aux environs de Châtel-Saint-Denis au milieu des couches néocomiennes, surmontées elles-

[1] Quarterly Journal, 1869, XXV, p. 305.

mêmes par les couches éocènes du flysch. Ce sont des calcaires gris, puissants, dont certaines parties sont compactes et les autres en rognons. J'ai déjà indiqué au commencement de ce travail la disposition des couches de ce terrain ; je ne reviendrai donc pas sur ce sujet.

L'époque du dépôt de ces calcaires a déjà été l'objet de plusieurs discussions ; les fossiles y sont abondants dans certaines localités, mais ont presque toujours été recueillis par des collecteurs qui n'ont pas distingué les divers horizons dont ces calcaires sont les représentants [1]. M. Ooster en a décrit une partie. Voici la liste des espèces que j'ai pu examiner moi-même :

Belemnites hastatus Blainv.
     »   *Didayanus* d'Orb.
     »   *Sauvanausus* d'Orb.
Rhynchoteuthis, plusieurs espèces.
Ammonites Zignodianus d'Orb.
     »   *tortisulcatus* d'Orb., très-abondante.
     »   *Babeanus* d'Orb.
     »   *Arolicus* Opp.
     »   *bimammatus* Quenst. Identique à Quenstedt, Jura, p. 616, pl. 76, f. 9.
     »   *flexuosus* Munst. Échantillon identique à *A. flexuosus costatus* Quenst., Jura, p. 618, pl. 76, f. 15, et aux échantillons provenant des Voirons et de Lémenc.
     »   *Constanti* d'Orb.
     »   *Collinii* Opp.
     »   *iphicerus* Opp.
     »   *acanthicus* Opp. Nombreux échantillons bien conservés.

[1] On y a même signalé des mélanges de fossiles jurassiques et néocomiens qui paraissent en effet confirmés par l'identité de la roche, mais qui sont difficiles à admettre tant qu'on n'a pas recueilli soi-même les échantillons en place.

Ammonites ptychoicus Quenst.

   »   *planulati*. Nombreuses espéces identiques à celles des Voirons.

   »   du groupe des *Phylloceras*.

   »   sp. très-voisine de l'*A. rotundus* Sow. et probablement identique à cette espèce; elle se trouve aussi aux Voirons et à Cabra en Andalousie.

   »   sp. du groupe des *perarmati* se distinguant de l'*A. perarmatus* par une région externe plus large et plus arrondie; se retrouve aux Voirons.

Aptychus latus Voltz.

   »   *imbricatus* H. de Mey.

Posidonomya sp.

Inoceramus sp.

Terebratula janitor Pict.

   »   sp. du groupe des *nucleati*.

Rhabdocidaris herculea Des.

Collyrites Voltzi Oost.

   »   *Friburgensis* Oost.

Quoique ces espèces soient peu nombreuses, leur présence dans ces couches donne des renseignements qui ne manquent pas d'importance. Elle y indique en effet la présence de divers horizons géologiques depuis les couches oxfordiennes (zone de l'*Amm. transversarius*) jusqu'à la zone de l'*Amm. tenuilobatus*. L'*A. ptychoicus* et la *Terebratula janitor* appartiennent même encore à un horizon supérieur.

Au-dessus de ces calcaires jurassiques et entre ces couches et les couches néocomiennes proprement dites, se trouvent par places les marnes à crinoïdes que j'ai déjà décrites. Leur faune très-abondante n'a pas encore été étudiée, et je n'y ai pas trouvé une seule espèce connue; elle renferme plusieurs ammonites [1], de petits gas-

---

[1] L'une d'elle est assez voisine de l'*A. tenuilobatus*, quoiqu'elle ne puisse être confondue avec celle-ci.

téropodes, de nombreux brachiopodes (térébratules et té-
rébratulines), plusieurs espèces d'oursins, enfin une belle
série de crinoïdes dont quelques-uns de grandes dimensions. Ces derniers fossiles doivent, semble-t-il, faire ranger
ce terrain dans la formation jurassique. Une monographie
de cette faune sera d'un grand intérêt pour la science.
Les couches qui ont à ma connaissance la plus grande analogie avec celles-ci, se trouvent à Nikolsbourg en Moravie;
elles sont situées à la limite des formations jurassique et
crétacée et sont aussi très-riches en grands crinoïdes.

Si j'ai classé dans le terrain jurassique diverses formations dont la place, dans la série géologique, est encore
discutée, ce n'est pas pour préjuger la question si difficile de la limite des terrains jurassique et crétacé. C'est
simplement à cause de l'embarras que j'éprouvais à fixer
cette limite. Ainsi, en faisant commencer dans ce travail
la série crétacée au terrain néocomien alpin, je ne pré-
tends pas trancher la question, et j'attendrai, pour expri-
mer une opinion, d'avoir vu dans nos montagnes des
coupes plus décisives.

Je me bornerai à faire remarquer la grande variété de
faunes et de roches que présentent les terrains dont je
m'occupe maintenant. C'est à eux surtout qu'on peut ap-
pliquer la remarque faite par M. Gilliéron [1], que les caractères des couches restent semblables parallèlement à
la chaîne des Alpes, mais qu'ils changent de nature pour
l'observateur qui marche perpendiculairement à cette
chaîne. J'ai mis en regard les unes des autres, dans le tableau suivant, trois coupes des formations jurassique su-

[1] Archives des Sciences phys. et natur., XXXVIII, p. 257.

périeure et crétacée prises dans des localités qui ne sont pas très-écartées :

NIREMONT	CHAINE DES VERREAUX	WIMMIS[1]
—	Schistes rouges de la craie	Schistes rouges de la craie
Terrain néocom. alpin	Terrain néocom. alpin	—
Marne à crinoïdes		
Calcaire de Châtel, en rognons, gris, contenant :	Couche à Terebr. Catulloi	Calcaire corallien
la Terebratula janitor	Calcaire gris à	à
		nérinées et dicérates
l'Amm. acanthicus	Aptychus	Calcaire noir kimméridgien à mytilus et ptérocères.
les Amm. bimammatus et torticsulatus	Calcaires bréchoïdes rouges oxfordiens	Calcaire bréchoïde sans fossiles

TERRAIN NÉOCOMIEN. — J'ai déjà décrit les contournements de ce terrain dans la montagne du Niremont et dans celle des Corbettes. Il est formé de calcaires schisteux, gris, à cassure mate, en bancs minces alternant avec des lits de marnes feuilletées, et renferme les fossiles suivants recueillis dans le lit de la Veveyse et dans les divers ravins qui sillonnent les flancs de ces montagnes :

Nombreux restes de poissons[2].
Belemnites dilatatus Blainv.
   conicus Blainv.
   latus Blainv.
   pistilliformis Blainv.
Nautilus neocomiensis d'Orb.
Ammonites subfimbriatus d'Orb.
   ligatus d'Orb.
   difficilis d'Orb.
   Thetys d'Orb.

Ammonites Astierianus d'Orb.
   Rouyanus d'Orb.
   angulicostatus d'Orb.
   Mazyleus Coq.
   cassida Rasp.
   Honnoratianus d'Orb.
   Renauxianus d'Orb.
   intermedius d'Orb.
   pulchellus d'Orb.
   Grasianus d'Orb.

[1] Archives des Sciences phys. et natur., XXXVII, pl. 1.
[2] Je ne cite ici que des fossiles que j'ai déterminés moi-même. M. Ooster en donne une liste plus complète dans les Pétrifications remarquables des Alpes suisses.

Ammonites strangulatus d'Orb.   Ancyloceras Matheronianus d'Orb.
    Emerici d'Orb.   cinctus d'Orb.
Ammonites Jeannoti d'Orb.   Picteti Oost.
    Favrei Oost.   Lardyi Oost.
    Hugii Oost.   Ptychoceras Emericianus d'Orb.
    Moussoni Oost.   Meyrati Oost.
Aptychus angulicostatus Pict. et L. Morloti Oost.
    Didayi Coq.   Baculites neocomiensis d'Orb.
Ancyloceras Duvalii Lév. sp.   Rhynchoteuthis fragilis Pict. et L.
    Villersianus d'Orb.   Quenstedti Pict. et L.
    Sabaudianus Pict. et L.   Pecten Agassizi Pict. et L.
    pulcherrimus d'Orb.   Terebratula diphyoides d'Orb.

Cette faune appartient au *terrain néocomien alpin* reconnu depuis longtemps déjà dans la chaîne du Stockhorn, aux Voirons, au Môle, dans le Dauphiné, les Basses-Alpes, etc., et qui correspond au *Biancone* de l'Italie septentrionale. La place de cet horizon dans la série des formations a déjà été l'objet de nombreux travaux[1] ; je ne m'en occuperai donc pas.

Le même terrain forme le sommet du Moléson et de Trémettaz, mais il ne paraît pas se trouver sur la pointe de Téjatzaux ; il repose directement sur les calcaires jurassiques supérieurs et se distingue de loin par des couches minces d'un gris blanchâtre. Il est formé de calcaires marneux assez durs, à cassure mate et blanchâtre, à pâte fine, marquée de taches bleuâtres ; les bancs d'environ un pied d'épaisseur sont séparés par des feuillets schisteux et contiennent parfois des rognons de silex. On y trouve les espèces suivantes recueillies soit par M. Gilliéron, soit par moi ; quelques-unes se trouvent aussi au musée de Berne :

[1] Voyez surtout les travaux de M. Lory et la Description des fossiles contenus dans le terrain néocomien des Voirons, par F.-J. Pictet et P. de Loriol, 1858.

Belemnites bipartitus Blainv.

  pistilliformis Blainv. var. subfusiformis.

Ammonites Astierianus d'Orb.

  Malbosi Pict.

  subfimbriatus d'Orb.

Crioceras Emerici d'Orb.

Aptychus Didayi Coq.

  Mortilleti Pict. et L.

  noricus Winkl.

  Serranonis Coq.

Terebratula diphyoides d'Orb.

Le terrain néocomien occupe la plus grande partie du versant oriental de la chaîne des Verreaux et plonge sous les calcaires crétacés rouges de la vallée de la Sarine, pour reparaître de l'autre côté en couches verticales qui forment les premiers escarpements de la chaîne du Mont-Cray.

Il recouvre immédiatement le calcaire bréchoïde à *Terebratula Catulloi* et cette dernière roche semble passer insensiblement à la roche néocomienne d'un côté et à la roche jurassique sous-jacente de l'autre. Dans la partie supérieure, les couches diminuent d'épaisseur et deviennent d'un gris plus blanchâtre; les silex y sont plus rares. Cette roche a une grande puissance, mais renferme peu de fossiles. M. Gilliéron cite les *Belemnites pistilliformis* Blainv. et *conicus* Blainv. qu'il a recueillis sur le bord de l'Hongrin entre Montbovon et Allières, et M. Colomb a trouvé dans la Veveyse des fragments de *Crioceras* tombés de la crête de la Chérésolettaz.

TERRAIN CRÉTACÉ SUPÉRIEUR. — Au-dessus des calcaires néocomiens se trouvent des calcaires marneux et schisteux rouges, parfois veinés de vert, dans lesquels je n'ai pu trouver aucun fossile. Ils sont en couches verticales dans le fond de la vallée de la Sarine et ils forment là une sorte de fond de bateau bordé des deux côtés par les couches néocomiennes. Ils ont la même position de l'autre côté de la chaîne du Mont-Cray dans la vallée de la Sarine, près de Château-d'Œx ; ils y enveloppent les couches éocènes du flysch. Ils ne se trouvent ni dans la chaîne du Niremont ni dans le massif du Moléson.

Je ne reviendrai pas sur la discussion qu'a provoquée l'âge de ces couches. Elles ont été confondues par plusieurs savants avec les couches rouges oxfordiennes ; mais les travaux de M. Bachmann et de M. Gilliéron [1] ont entièrement éclairci la question, et il suffit de jeter un coup d'œil sur les coupes ci-jointes, pour voir que ces deux terrains sont séparés par toute l'épaisseur des calcaires jurassiques supérieurs à silex et des calcaires néocomiens. Ces couches sont donc crétacées. Quant à l'époque à laquelle il faut les rapporter dans cette série de terrains, elle est difficile à fixer à cause du petit nombre des restes organiques qui y sont renfermés. Le fait qu'à Wimmis on les trouve reposant sur des calcaires à faune corallienne, montre qu'elles sont indépendantes du terrain néocomien proprement dit. La présence, dans cette localité, de grands inocérames, semble indiquer que ces couches ont été déposées à l'époque de la craie, ou à celle du calcaire de Seewen, et l'étude faite par M. Th. Studer [2], des foraminifères qui y sont renfermés, vient confirmer cette détermination.

Formation tertiaire. — Le flysch [5] est formé de

[1] M. Gilliéron a résumé cette discussion. D'après lui, ces couches représentent probablement le reste de la formation crétacée supérieure au terrain néocomien. Archives, etc., XXXVIII, p. 266, 286.

[2] Mittheil. Bern, 1869, p. 177. M. Studer a reconnu dans ces foraminifères les mêmes espèces que celles du calcaire de Seewen. Quelques genres auxquels appartiennent ces espèces sont communs aux terrains jurassique et crétacé.

[5] M. Fischer-Ooster a contesté à diverses reprises l'âge du flysch ; mais après avoir parcouru moi-même ces montagnes, il m'est impossible de conserver des doutes sur l'époque du dépôt de cette formation.

roches de nature assez diverse : ce sont tantôt des grès fins, durs, en bancs épais, à la surface desquels se voient des formes vermiculaires qui rappellent de grands fucoïdes, tantôt des grès grossiers ou des conglomérats à grains fins, dans lesquels apparaissent parfois des traces charbonneuses, tantôt des marnes feuilletées d'un gris clair, sur lesquelles se dessinent en couleur foncée de nombreux fucoïdes.

La description que j'ai donnée de ces massifs de montagnes, a montré que le flysch y occupe un espace beaucoup moins considérable qu'on ne le croyait d'abord. Un grand nombre de roches diverses avaient été rapportées à cette formation, mais les découvertes successives de fossiles de terrains très-variés, et une étude géologique attentive, en ont beaucoup réduit l'étendue.

Dans la chaîne du Niremont et des Corbettes, où les couches rouges de la craie n'existent pas, le flysch est en contact avec la formation néocomienne qu'il enveloppe de ses replis, et il se trouve dans la même position où M. Favre l'a déjà observé dans la montagne des Voirons[1]. Il se prolonge à l'Est jusqu'au pied du Moléson ; mais il n'existe ni dans cette montagne ni dans la chaîne des Verreaux. On le retrouve près de Château-d'OEx, dans un repli des couches rouges de la craie.

Les montagnes dont je viens de faire l'étude présentent un grand nombre de formations et de faunes successives, depuis le terrain triasique supérieur jusqu'au terrain tertiaire. Malheureusement je n'ai pas pu faire une étude détaillée de ces diverses faunes et les listes que j'ai données des fossiles de cette région sont encore très- incom-

[1] M. Favre a trouvé des nummulites dans cette roche.

plètes. Malgré ces lacunes, qui pourront être comblées successivement par des descriptions paléontologiques, j'espère que ce travail offrira quelque intérêt en expliquant la structure d'une région encore peu étudiée, et en indiquant les diverses faunes qui y ont vécu tour à tour.

Il existe de notables différences entre les dépôts de la première chaîne (celle de la Berra), et ceux des chaînes suivantes. Une étude détaillée de la formation jurassique du Niremont, jointe à une monographie de la faune des couches à crinoïdes, aurait le plus grand intérêt au point de vue de la limite des formations jurassique et crétacée. La présence de l'*Amm. acanthicus* et de la *Terebratula janitor,* dans cette montagne et celle de la *Terebratula Catulloi* dans la chaîne du Mont-Cray, dans une région où on ne trouve ni le calcaire kimméridgien à *Mytilus* ni le calcaire à nérinées et dicérates, sont des documents qui ne manquent pas d'importance.

L'examen successif de ces terrains montre que cette région est étroitement liée, au point de vue paléontologique, avec le reste de la chaîne des Alpes. L'analogie de ces formations avec celles du Tyrol méridional et des Alpes vénitiennes est particulièrement frappante, et leur comparaison avec celles des Alpes orientales ou celles de la Bavière nous fournirait aussi plus d'un rapprochement intéressant. Je me bornerai à comparer dans le tableau suivant la formation secondaire depuis le terrain liasique supérieur, dans la région que j'ai étudiée, avec les dépôts de même époque dans le canton de Glaris et dans le Tyrol méridional. Je me suis servi, pour dresser ce tableau, du mémoire de M. Bachmann, *Ueber die Juraformation im Kanton Glarus* (Mittheil. Bern, 1863, p. 143) et du travail de M. Benecke sur le Tyrol (Benecke, Geogn. Pal. Beitr. 1866, I).

	Alpes de Fribourg. (Moléson et Verreaux).	Canton de Glaris.	Tyrol méridional.
Terrain crétacé.	Calcaire marneux rouge sans fossiles. Terrain néocomien alpin avec Belemn. latus, Amm. Astierianus Terebratula, diphyoides.	Calcaire de Seewen. Gault. Calcaire à rudistes. Terrain néocomien.	Scaglia rouge à Cardiaster italicus, etc. Biancone, pauvre en fossiles. (Amm. Astierianus, Grasianus, etc. dans les Alpes Vénitiennes).
Terr. jurass. supérieur.	NIREMONT. Marnes à crinoïdes. Calcaire de Chatel-S.-Denis avec Terebratula janitor, Ammon. ptychoicus, Amm. acanthicus Aptychus latus et imbricatus, Couches à Terebr. Catulloi. Calcaires jurass. à silex, pauvres en fossiles (Aptych.). Calcaires rouges à Amm. tortisulcat. Amm. bimammatus et Arolicus.	Schistes noirs. Calcaire corallien (Nerinea Castor, Cardium corallinum, Terebratula Moravica). Calcaire compacte à silex avec Belemnites, Aptychus (Hochgebirgskalk). Calcaire gris à Bel. hastatus, Amm. Arolicus, tortisulcatus, etc.	Diphyakalk rouge et blanc avec Terebratula diphya, Catulloi, Amm. ptychoicus, etc. Calcaire rouge à Ammon. acanthicus, eurystomus, etc.
T. bathonien et callovien (?).	Calcaire à Amm. Zignodianus, anceps, hecticus, et à Amm. Humphriesianus, subobtusus, Kudernatschi, tripartitus, Posidonomya alpina, etc.	Oolite ferrugineuse avec Amm. Parkinsoni Martinsi, Deslongchampsi, Ancyloceras annulatus. Zone de l'Amm. Humphriesianus.	Calcaire à Posidonomyes (Klausschichten)
Oolite inférieur.	Schistes marneux avec Amm. tatricus, Aalensis, opalinus, Murchisonæ.	Zone de l'Amm. Murchisonæ. Schistes argileux à Posidonomya Suessi et à Amm. opalinus.	Couche à Rhynchon. bilobata. Oolite de S. Vigilio avec Amm. Murchisonae, scissus, fallax, etc.
Lias supér.	Calcaires marneux avec Amm. radians, serpentinus, etc.	Lias supérieur.	Calcaire gris à Terebr. Rotzoana, Renierii, etc.

Ce Mémoire a été présenté à la Société de Physique et d'Histoire naturelle de Genève, le 4 août 1870.

EXPLICATION DES PLANCHES.

Planche II (1).

Fig. 1. Coupe du Niremont, de la plaine près de Semsales au pied du Moléson. Direction ONO-ESE. Échelle $^1/_{50000}$.

Fig. 2. Coupe du Mont Corbettes. La figure représente à la fois la coupe de cette montagne et celle des escarpements de la branche gauche de la Veveyse. Direction ONO-ESE. Échelle $^1/_{25000}$.

Fig. 3. Coupe des Voirons, tirée des « Recherches géologiques » de M. A. Favre (Atlas, pl. IV, fig. 4). Les lettres explicatives correspondent à celles de la figure précédente. Direction N-S. Échelle $^1/_{50000}$.

Planche III (2).

Fig. 1. Coupe de Trémettaz, prise à égale distance entre les sommets du Moléson et de Téjatzaux ; cette coupe est semblable à celle du Moléson. Échelle $^1/_{25000}$.

Fig. 2. Coupe de la Dent de Lys des environs du Gros Mologis à la Sarine près de Montbovon. Échelle $^1/_{50000}$.

EXPLICATION DES SIGNES.

fl. Flysch.
cr. Calcaire schisteux rouge et vert du terrain crétacé supérieur.
n. Terrain néocomien alpin.
c. Marne à crinoïdes.
t. Couche à *Terebratula Catulloi*.
j. Calcaire jurassique de la chaîne du Niremont.
js. Calcaire jurassique supérieur.
jr. Calcaire rouge jurassique.
jp. Calcaires à *Posidonomya alpina*.
ji. Marnes feuilletées à *A. opalinus*, *Murchisonæ*, etc.
l. Terrain liasique supérieur et moyen (?).
r. Couches rhétiques.
d. Dolomie triasique.
ca. Cargneule triasique.

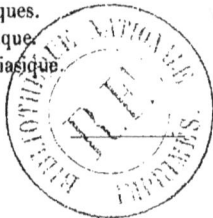

Pl. II.

Fig. 1.

Fig. 2.

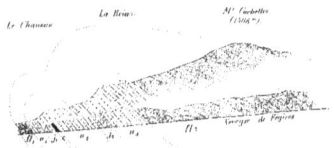

Fig. 3.

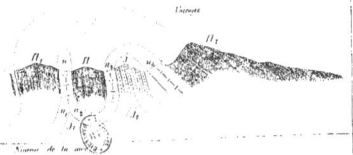

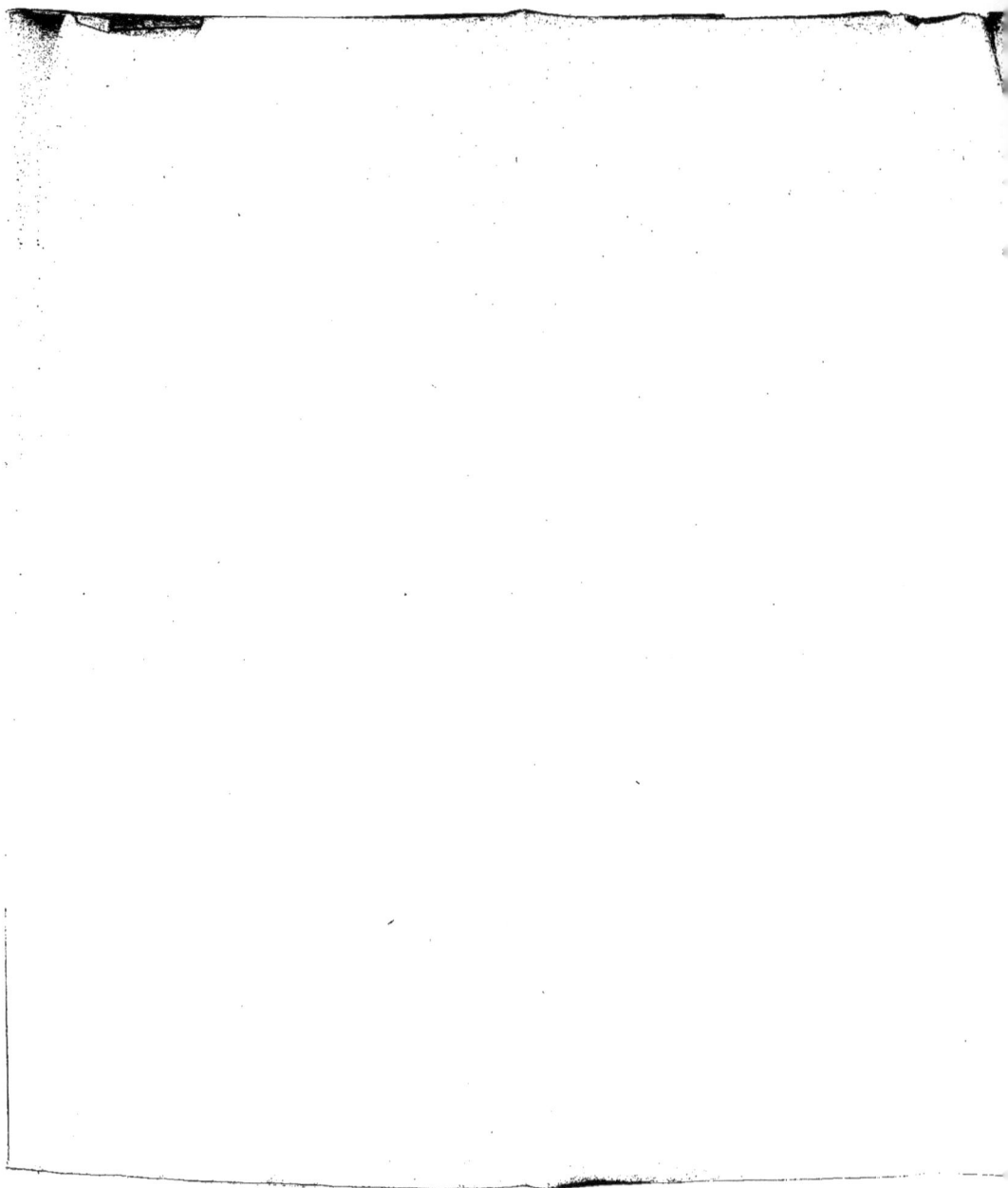

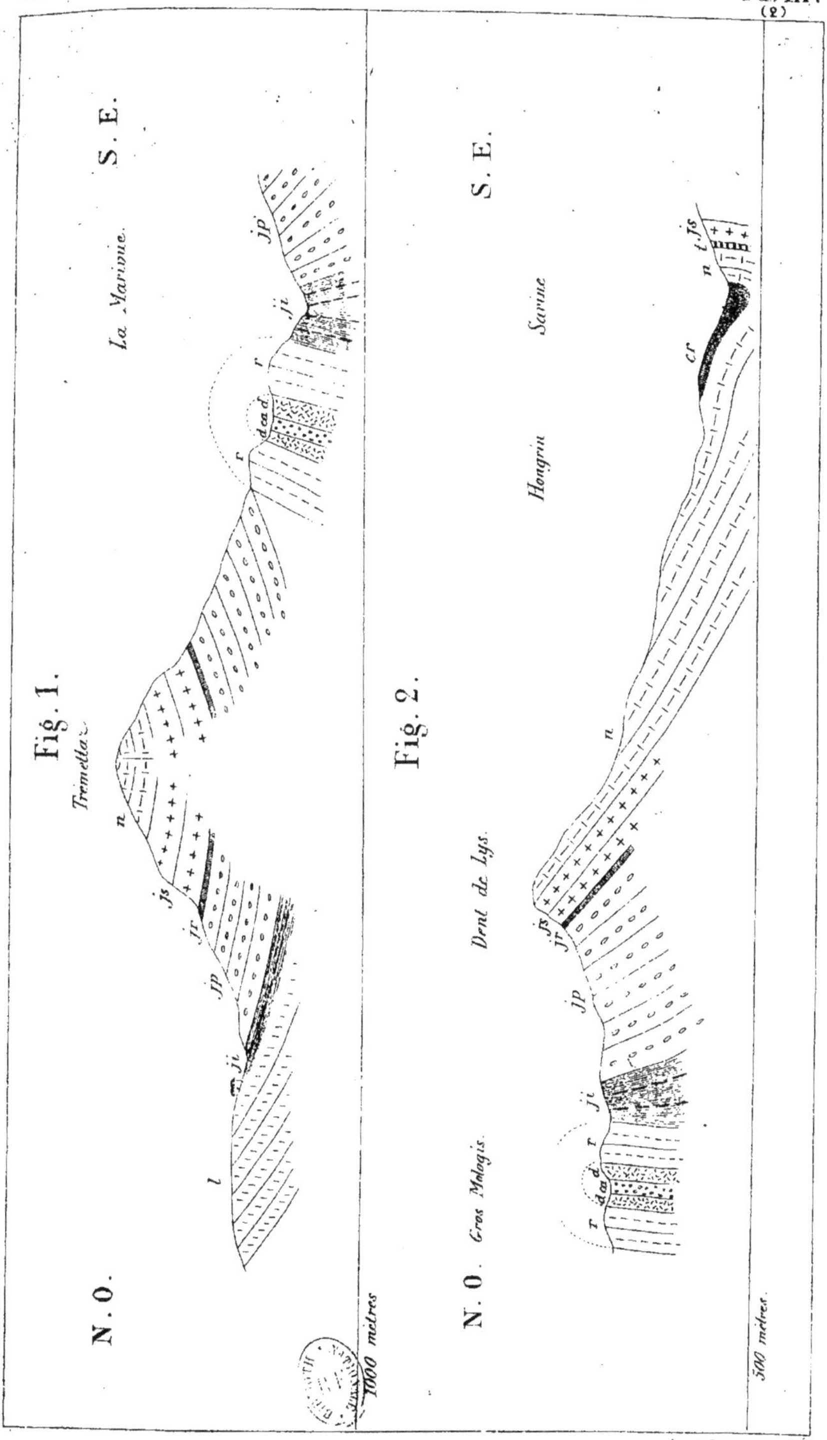

Pl. III.
(2)

Fig. 1.

Tremettas

N. O.

La Marinne.

S. E.

1000 metres

Fig. 2.

N. O. Gros Melogis.

Dent de lys.

Hongrin

Savine

S. E.

500 metres.

Lith. S. Marrius Geneve